# なぜ世界には戦争があるんだろう。どうして人はあらそうの？

ミリアム・ルヴォー・ダロンヌ 文
ジョシェン・ギャルネール 絵
伏見　操 訳

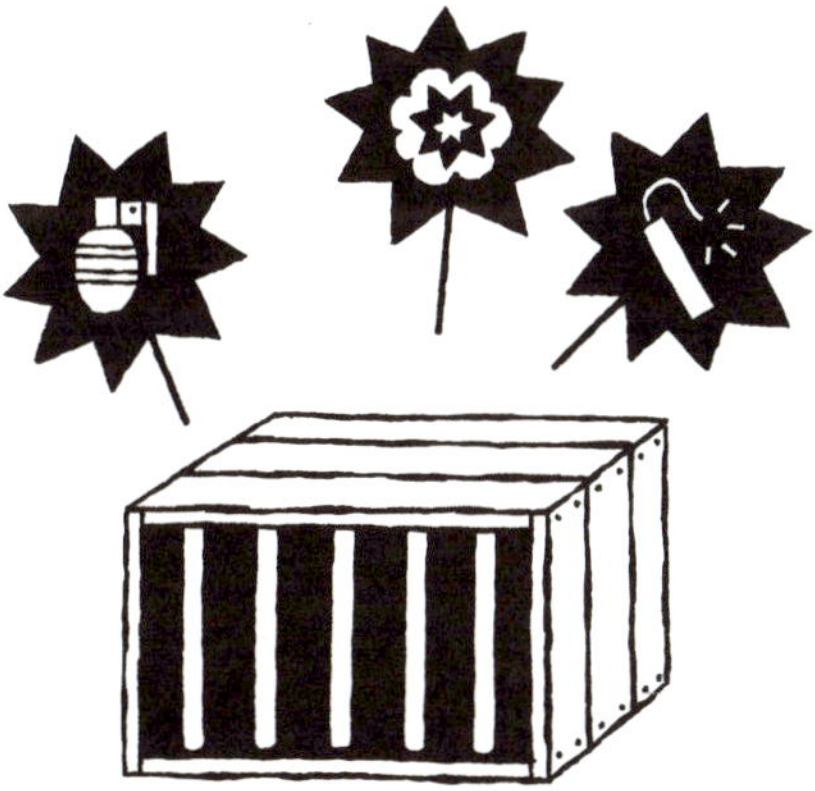

岩崎書店

# もくじ

④

戦《せん》争《そう》にはいろんな種《しゅ》類《るい》があるのか？

戦争とは絶《ぜっ》対《たい》に悪《あく》なのか？

正しい戦争と正しくない戦争というのがあるのだろうか？

Chouette penser ! : POURQUOI LES HOMMES FONT-ILS LA GUERRE?

text by Myriam Revault d'Allonnes
illustrated by Jochen Gerner
Originally published in France under the title
Chouette penser ! : POURQUOI LES HOMMES FONT-ILS LA GUERRE?
by Gallimard Jeunesse

Japanese translation rights arranged with Gallimard Jeunesse, Paris
through Motovun Co. Ltd., Tokyo
Japanese edition published
by IWASAKI Publishing Co., Ltd., Tokyo

Printed in Japan

なぜ世界には
戦《せん》争《そう》があるんだろう。
どうして人は
あらそうの？

# なぜ人は戦争《せんそう》をするのか？

# 1

戦争が好《す》きな人はいない。もちろん、戦争をしたがる人も、戦争におびえて暮《く》らしたがる人もいない。戦争がもたらすのは死《し》と苦《くる》しみだけだと、だれもが知《し》っている。だって戦争の目的《もくてき》は、戦《たたか》っているどちらの側《がわ》にとっても、敵《てき》に勝つことであり、そのために破壊《はかい》のかぎりをつくすから。戦争とは、底《そこ》なしの暴力《ぼうりょく》なのだ。

その証拠《しょうこ》に、**戦争中《せんそう》、兵士《へいし》は敵《てき》の命《いのち》を奪《うば》うことがゆるされる。平和《へいわ》なときにはけっしてゆるされない殺人《さつじん》が、ゆるされてしまうのである。**

暴力《ぼうりょく》を使って、むりやり相手《あいて》に言うことをきかせ、望《のぞ》むようにあやつろうとするのが戦争だ。そして、戦争をするどちらの側《がわ》もそう考えるから、あらそいはどこまでもエスカレートし、ついには死《し》ぬまで戦《たたか》いつづけることになる。

戦争の結果《けっか》として、勝者《しょうしゃ》と敗者《はいしゃ》が生まれるが、死はどちらにもおなじようにふりかかる。そのうえ兵士ばかりでなく、一般《いっぱん》の市民《しみん》や小さな子どもまで命を失《うしな》うのだ。

**ヘロドトス**
（紀元前《きげんぜん》４８４年ごろ～紀元前４２４年ごろ）
ギリシャ人の歴史家。
「歴史の父」とよばれる。
現存《げんぞん》する、世界最古《さいこ》の
歴史書を書いた。

平和《へいわ》より戦争《せんそう》をえらぶほど、
分別《ふんべつ》のない人間がどこにいましょうか。

ヘロドトス

日々、テレビのニュースが、そういった戦争《せんそう》のおそろしさをつたえている。

そして、もしあなたが、画面に映《うつ》る戦争の悲惨《ひさん》な映像《えいぞう》に、思わず目をおおいたくなったとしたら、それはごくまともなことだ。というのも、ほんとうはがまんしてはならないものがあたりまえになり、知《し》らないうちに受《う》け入れてはいけないものを受け入れてしまうくらい、こわいことはないのだから。

そう、わたしたちは戦争が好《す》きではない。それにはだれもが賛成《さんせい》だろう。わたしたちは平和《へいわ》を好《この》み、ほかの人たちとともに暮《く》らし、話をしたいと願う。たとえ意見がちがったとしても、いや、ちがうからこそ、きちんと言葉をつくして、語りあおう

とする。ごくふつうに学校に通い、家族や仲間《なかま》と生活し、休暇《きゅうか》を楽しみたい。爆弾《ばくだん》におびえて生きることなど、まっぴらだ。

ここまで考えると、すぐに頭にうかぶ、ひとつの疑問《ぎもん》がある。ならば、なぜ人間はあらそうのをやめ、平和《へいわ》に暮《く》らそうとしないのか？　**戦争《せんそう》のまったくない世界を、想像《そうぞう》することができるだろうか？**

この問《と》いに答えるために、まず「なぜ人は戦争をするのか？」という問いに立ちもどってみよう。そして、この「**なぜ？**」という疑問を、「**どう問いかけるか**」についても、考えてみよう。

**「なぜ？」は、哲学者《てつがくしゃ》がこれまでずっとたずねてきた問いだが、同時《どうじ》に子どもたちが、なんどもなんども、くりかえしたずねる**

ものでもある。

きっとあなたも小さいころ、「なぜ空は青いの？」「なぜ雲《くも》があるの？」「なぜこれがあるの？」「なぜ人は死《し》ぬの？」などときいたことがあるだろう。

哲学者《てつがくしゃ》と子どもは、根《ね》っこの部分でよく似《に》ている。どちらもおなじような質問《しつもん》を、ほぼおなじかたちでするのだ。

「なぜこれはこうなっているの？」

「あれはどうやってできたの？　じゃあ、これは？」

「なぜ人はこれをするの？　どうしてあっちじゃだめなの？」

こまったことに、こういった質問にはかならず答えがあるとはかぎらない。すくなくとも、理由をすべて完《かん》ぺきに説明することは不可能《ふかのう》だ。

**じっさい、哲学者《てつがくしゃ》が「なぜ？」という疑問《ぎもん》をもったとき、「その理由はこれである」とひと言《こと》で答えることはけっしてない。**

哲学者はむしろ、そんな答えは哲学的でないと考える。

おなじようにして、子どもの問《と》いに根負《こんま》けした親が、どうしていいかわからなくなって、ついに「これはこういうものなの！」と言いきってしまうのも、いやになったからでも、時間がないからでも、そろそろ夕食の買《か》い物《もの》に行かなくてはならないからでもない。答えを知《し》らないからなのだ。そうして親だけでなく、哲学者も答えを知らないのである。

それこそが、哲学がときに「なんの役《やく》にも立たない」と言わ

れてしまう原因《げんいん》のひとつだ。

しかし大切なのは、問《と》いかけてみること、また、「どうやって」問いかけるかを、よく考えてみることだ。すくなくとも、しっかりと問いかけてみようと努力すること。それだけでもすでに、とてもむずかしい。

そもそも問いについてよく考えていくと、質問《しつもん》のしかたが悪《わる》いせいで、答えが見つからないことがあるものだ。その場合、質問のしかたを変え、べつの言葉をさがして、ふたたび問いを投《な》げかけてみるといい。

**トマス・ホッブズ**
（1588年～1679年）
イギリスの哲学者《てつがくしゃ》。近代政《きんだいせい》治思想《じしそう》の基礎《きそ》をつくった。著作《ちょさく》『リヴァイアサン』のなかで、人間が国家《こっか》をつくる前の「自然状態《じょうたい》」を、「万人《ばんにん》の万人に対《たい》する戦争《せんそう》」のように考えた。

ふたりの人間が
同時《どうじ》におなじひとつのものをほしがれば、
手に入れられるのはどちらかひとり。
その結果《けっか》、
ふたりは敵《てき》どうしとなり、
やがて相手《あいて》をほろぼすか、屈服《くっぷく》させようとするだろう。

ホッブズ

# 2

# 人間が戦争《せんそう》をする理由を見つけるには、どんな問《と》いを投《な》げかけたらいいのだろう？

では、さっきとおなじ問いを、言葉を変えて考えてみよう。

なぜ人間は戦争をするのか？　人間とは、生まれつき暴力的《ぼうりょくてき》で、攻撃的《こうげきてき》なのか？　だとしたら、人間が戦争をするのは自然なことなのか？

こう問いかけると、人間が戦争をする、おおもとになる原因《げんいん》について、考えることができる。では、戦争《せんそう》のおおもとになる原因《げんいん》とは、いったいなんなのか？　**人間とは生まれながらにして攻撃性《こうげきせい》をもち、戦争を好《この》むのだろうか？**

「**攻撃性**」とは、どういうことだろう？　それはある生き物が自分の力を見せつけようとして、ほかの生き物を攻撃する性質《せいしつ》のことだ。すべての生き物がおなじように攻撃的なわけではなく、攻撃性の強い種類《しゅるい》とそうでもない種類が存在《そんざい》する。

しかし、攻撃的であるというのは、じつは「生きる」ことと、直接《ちょくせつ》つながっている。つまり、どんな生き物も攻撃を受《う》ければ、身《み》を守《まも》るために相手《あいて》を攻撃する。攻撃的になるのは、そもそも悪意《あくい》があるからではなく、生きていくために不可欠《ふかけつ》なことなのだ。

となると、ここでわたしたちは、自分に問《と》いかけてみる必要がでてくる。戦争《せんそう》とは、たんに人間が生まれもつ、こういった攻撃性《こうげきせい》がかたちとなって、理由もなくあらわれるものなのか？

それともきちんとした理由があったうえで（たとえば生き残《のこ》るためや、縄張《なわば》りを守《まも》るためなど）、生まれもった攻撃性により、引《ひ》き起《お》こされるものなのか？

動物の行動から、それを考えてみよう。

生き物はべつの生き物を食べて、生きている。ウサギは草を食べ、大きな魚は小さな魚を食べ、オオカミは子ヤギを食べ、ライオンはシカを食べ……と、強い動物が弱い動物を食べていく。

魚は泳ぐように、また大きいものが小さいものを
食べるように、自然によって創《つく》られている。
そのため魚は自由《じゆう》に、水中を泳ぎまわり、
大きな魚が小さな魚を食べるのだ。

スピノザ

おなじ種類《しゅるい》の動物のあいだでも、身《み》を守《まも》るため、または縄張《なわば》り、子ども、巣《す》を守るために戦《たたか》うことがある。また肉食《にくしょく》動物は、仲間《なかま》をおそって食べる場合もある。

こういった戦いは、生き残《のこ》るためであるが、加《くわ》えて自分の強さを見せつけるためでもある。

だが、動物が戦う理由と人間が戦争をする理由を、おなじに考えることはできない。それはどうしてか？

人間とほかの生き物のあいだには、大きなちがいがあるからだ。じつはそれは、二本足で歩くことでも、手で道具を使うことでもない。**社会をつくって暮《く》らすことだ。**

そして人間の社会には法律《ほうりつ》があり、していいことと悪《わる》いこと

**バルーフ・スピノザ**
（1632年〜1677年）
オランダのユダヤ人哲学《てつがく》者《しゃ》。「神＝自然」と説《と》き、異端《いたん》として破門《はもん》された。世界にはぐうぜんは存在《そんざい》しないという考え（決定論《けっていろん》）のもち主《ぬし》。レンズみがきの達人《たつじん》であったとつたえられている。主《おも》な著書《ちょしょ》に『エチカ』がある。

がはっきりと決《き》められているのだ。

また、人間の使う言葉は、意思《いし》や気持ち、情報《じょうほう》をつたえあうだけでなく、自分を表現《ひょうげん》し、さらには人が社会で暮《く》らすのにかかせない、「仕事」をすることを可能《かのう》にしている。仕事にはさまざまな種類《しゅるい》や分野があり、それを通して人間は自然に適応《てきおう》し、自然を変えながら、生きてきた。そのすべてをひっくるめたものが、文化《ぶんか》なのだ。

ところが、そうやって言葉をもち、語り、働き、仲間《なかま》といっしょに国や集団の規則《きそく》を守《まも》って暮らしている、まさにその人間が、戦争《せんそう》をするのだ。

旧石器《きゅうせっき》時代の最古《さいこ》の人類《じんるい》のあいだでも、戦《たたか》いがあった。その

証拠《しょうこ》に、発掘《はっくつ》された原人《げんじん》たちの頭蓋骨《ずがいこつ》には、石矢《いしや》によってつけられたきずのあとが残《のこ》っている。彼《かれ》らが使っていた火打石《ひうちいし》や石ヤリは、道具であるとともに、武器《ぶき》でもあったのだろう。

生き残るためか、縄張《なわば》りあらそいか、もともと彼らが攻撃的《こうげきてき》な性格《せいかく》をしていたためか、正確《せいかく》なところはわからないが、狩《しゅ》猟《りょう》民族《みんぞく》と採食《さいしょく》民族が戦《たたか》ったりというように、原人のグループどうしであらそいがあったのはたしかだ。

しかし、この暴力的《ぼうりょくてき》な接触《せっしょく》も、まだ「戦争《せんそう》」とはよべない。なぜか？

**戦争とは、きちんと組織《そしき》された社会と軍隊《ぐんたい》によって、おこなわれるものだからだ。**組織化された社会がさいしょに誕生《たんじょう》したのは、およそ五千年前《せん》の青銅器《せいどうき》時代。そのころ地球にはじめて大きな国家《こっか》ができ、いくつもの村がかたちづくられた。

人々は、収穫物《しゅうかくぶつ》や食糧《しょくりょう》を納屋《なや》にたくわえておくことができるようになり、たくわえを記録《きろく》しておくために、文字が発明《はつめい》された。世界でさいしょに文字を使って書かれた記録は、じつは貯《ちょ》蔵物《ぞうぶつ》や家畜《かちく》のリストといった、数や勘定《かんじょう》にかんするものだったのだ。

ではその結果《けっか》、なにが起《お》こったのだろう？

そういった社会では、生きるために最低限《さいていげん》必要な量《りょう》よりも多くの作物《さくもつ》をつくることができるようになり、あまった収穫物を、不作《ふさく》にそなえてたくわえておくようになった。つまり、余分《よぶん》な富《とみ》をためておけるようになったのである。

近くに住むまずしい人々は、それをうらやみ、遊牧民《ゆうぼくみん》などがたくわえに目をつけ、略奪《りゃくだつ》をはじめる。

だが、いちばんの問題はべつにある。**それは、社会が生きていくために必要な量以上《りょういじょう》のものを生産《せいさん》し、富をたくわえられるようになると、他人がたくわえた富にも目がいくようになるということだ。**

**より多くのものをもつようになると、他人の財産《ざいさん》も手に入れたくなる。**そうやって、生産力が上がれば上がるほど、社会はどんどん略奪者としての性質《せいしつ》を帯《お》びていくのだ。

こしょう
しお

ところで、戦争《せんそう》とは独裁者《どくさいしゃ》が支配《しはい》する国だけに起《お》こり、人々が平等《びょうどう》に、平和《へいわ》に暮《く》らす国には起こらないのだろうか？　答えはあきらかにNO《ノー》だ。

**民主主義**《みんしゅしゅぎ》を発明《はつめい》した古代《こだい》ギリシャだって、たえず戦争《せんそう》をしていた。

古代ギリシャでは、市民《しみん》ひとりひとりが平等《びょうどう》に政治《せいじ》に参加《さんか》する権利《けんり》をもっていた。しかし、そんなすばらしい民主主義を生みだした市民たちは、いざ戦争となれば、たちまち全員が武器《ぶき》を手にとり、兵士《へいし》となった。

職業軍人《しょくぎょうぐんじん》こそいなかったが、古代ギリシャ軍は、武装《ぶそう》した市民である市民兵《しみんへい》の集まりだったのだ。民主主義都市《とし》はたいへん

**民主主義**《みんしゅしゅぎ》
人々が権力《けんりょく》をもち、その権力を使える立場にあること。また、ひとりの人間や少数《しょうすう》のグループに支配《しはい》されることなく、人々が集団で暮《く》らす方法《ほうほう》。ちなみにギリシャのアテネでは、軍《ぐん》の重要な地位《ちい》をのぞいて、役職《やくしょく》はすべて市民《しみん》のあいだでのクジ引《び》きで決《き》められた。

ん好戦的《こうせんてき》な共同体《きょうどうたい》でもあったのである。

「なぜ人は戦争《せんそう》をするのか？」という質問《しつもん》に、かんたんにひと言《こと》で答えることはできない。ならば、いったいなにを「戦争」とよぶのかということから考えてみよう。

さっき、戦争は人が国、都市《とし》といった社会をつくって、集団で暮《く》らすことと、強くむすびついているという話をした。

**戦争は自然のなかからは起《お》こらない。戦争は自然なものではなく、社会や文化《ぶんか》と強くかかわっている。人は個人《こじん》ではけっして戦争をしないのだ。**

戦争中、人が直接《ちょくせつ》組みあって戦《たたか》ったり、銃《じゅう》で相手《あいて》を撃《う》ったり

**ジャン＝ジャック・ルソー**
（1712年～1778年）
スイス生まれの哲学者《てつがくしゃ》。小説家、音楽家でもあり、活動は多彩《たさい》。
ホッブズに反対《はんたい》して、国家《こっか》ができる以前《いぜん》の「自然状《じょう》態《たい》」には戦争《せんそう》はなかったと言い、また、文明《ぶんめい》によって人間は堕落《だらく》し、社会には、あらそいと不平等《ふびょうどう》が生《しょう》じることになったと説《と》く。

人間対《たい》人間の戦争《せんそう》はない。
戦争はつねに国対国だ。

ルソー

しても、それは個人《こじん》の名において戦《たたか》っているのではない。国や民族《みんぞく》などといった、自分が属《ぞく》している集団や社会の一員《いちいん》として戦うのだ。

そして、そうやって社会がかかわった場合のみ、いや、社会がかかわるからこそ、平和《へいわ》なときにはけっしてゆるされない、殺人《さつじん》という、究極《きゅうきょく》、かつ底《そこ》なしの暴力《ぼうりょく》がゆるされる。

**戦争《せんそう》とは、社会によって組織《そしき》された、集団の暴力なのだ。**

そしてまさにこのことが、新《あら》たに、たいへんむずかしい問題を引《ひ》き起《お》こす。それは、戦争と文明《ぶんめい》と残虐行為《ざんぎゃくこうい》の関係についてである。

# 戦争《せんそう》と文明《ぶんめい》、そして戦争と残虐行為《ざんぎゃくこうい》について。

# 3

**もしも戦争が社会に、さらには文明に関係しているとすれば、人類《じんるい》が進化《しんか》するにつれ、戦争はどう変わってきたのだろう？そしてなにより、なぜ戦争はなくならないのだろう？**

祖先《そせん》にくらべ、わたしたちは、さまざまな面ではるかにめぐまれた生活をしている。暮《く》らしはより安全になり、寿命《じゅみょう》はのび、病気《びょうき》や伝染病《でんせんびょう》を治《なお》してくれる薬《くすり》もある。

国や地域《ちいき》によって、不公平《ふこうへい》な差《さ》はあるにしろ、衛生状態《えいせいじょうたい》もずっとよくなってきている。そして人は、むかしよりもおたがいを大切《たいせつ》にして、敬意《けいい》をはらっているようにみえる。人類《じんるい》の暮《く》らしはどんどん文明化《ぶんめいか》し、洗練《せんれん》されていっているのだ。

にもかかわらず、戦争《せんそう》はなくならない。それどころか科学《かがく》の進歩《しんぽ》にともなって、被害《ひがい》はますます大きくなり、さらに多くの命《いのち》を奪《うば》っているのである。

「進歩」とは、よりよく変わること。しかし医療《いりょう》や技術《ぎじゅつ》が進歩したのとおなじように、人間のおこないも過去《かこ》にくらべてよくなっているだろうか？　残念《ざんねん》なことに、**科学が進歩しても、そ**

**れとともに道徳《どうとく》も進歩《しんぽ》するわけではないのだ。**

科学《かがく》は医療《いりょう》を発展《はってん》させ、多くの人の命《いのち》を救《すく》ってきた。しかし同時《どうじ》に、兵器《へいき》をさらに精密《せいみつ》に、おそろしいものにしたのである。

技術《ぎじゅつ》の進歩により、生活はゆたかで便利《べんり》になったけれど、戦《せん》争《そう》の破壊力《はかいりょく》は飛躍的《ひやくてき》に増《ま》した。人間は印刷《いんさつ》技術《ぎじゅつ》を発明《はつめい》したのとおなじころに、火薬《かやく》を発明し、また抗生物質《こうせいぶっしつ》をつくったのとおなじころに、原子爆弾《げんしばくだん》をつくったのだ。

たとえば飛行機《ひこうき》の発明によって、人はよりはやく、遠くまで行けるようになり、地震《じしん》などの災害被害者《さいがいひがいしゃ》のところへ、すばやく救援物資《きゅうえんぶっし》をとどけることが可能《かのう》になった。しかし、そのおなじ飛行機を使って、爆弾を落とすこともできるのだ。

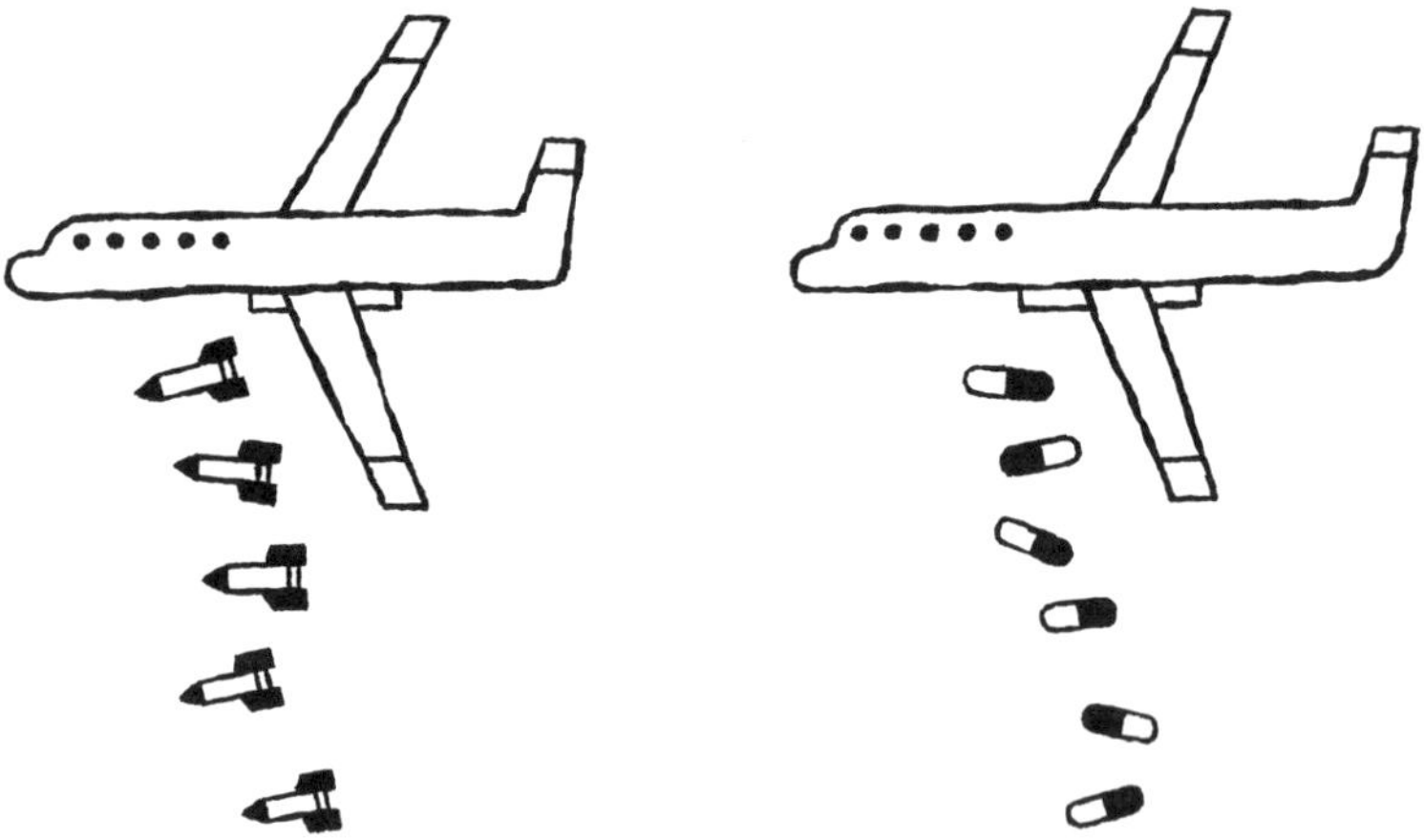

**戦争《せんそう》は文明《ぶんめい》と深《ふか》くむすびついている。文明が進歩《しんぽ》したからといって、残虐行為《ざんぎゃくこうい》がなくなるわけではない。今日《こんにち》、ますます文明化がすすみ、社会が平和《へいわ》になるいっぽうで、戦争はどんどん破壊力《はかいりょく》を増《ま》している。戦争と文明は切《き》っても切れない関係にあり、わけて考えることはできないのである。**

べつの言いかたをしてみよう。人間はともに力をあわせて、助《たす》けあって生活し、平和《へいわ》でよりよい暮《く》らしを手に入れようとする性質《せいしつ》をもっている。にもかかわらず、あらそいや対立《たいりつ》をせずにもいられない。人間とは社会的であり、なおかつ社会的でないのだ。

この性質を、カントは「社会的でない社会性」と表現《ひょうげん》した。

そしてそれこそが、よくも悪《わる》くも、人間を人間にしているものなのである。

では、戦争《せんそう》をせずに、人が進化《しんか》することはできないのか？　ひょっとして、人間が社会をつくり、集団で生きるということが、戦争をさけられないものにしているのか？

人間はたったひとりで生きることはない。いつもほかの人間とともに暮《く》らしている。そして集団のなかで自分の価値《かち》をみとめてもらうために、かならず競争《きょうそう》や対立《たいりつ》が起《お》こる。

ある意味、そういった競争はさけられないもので、むしろよい面もたくさんある。

そして、暴力《ぼうりょく》を完全《かんぜん》になくすことも、おそらく不可能《ふかのう》だろう。

**イマヌエル・カント**
（1724年〜1804年）
プロイセン（現在《げんざい》のドイツとポーランドにまたがって領土《りょうど》をもっていた国）の出身《しゅっしん》。近代《きんだい》において、もっとも大きな影響《えいきょう》をあたえた哲学者《てつがくしゃ》のひとり。フランスとの戦争講和《せんそうこうわ》のときに『永遠《えいえん》平和《へいわ》のために』を発表。戦争が生《しょう》じないようにすべての国家《こっか》が共和制《きょうわせい》をとり、常備軍《じょうびぐん》を廃止《はいし》していくことをうったえた。

たしかに人間の非社会的《ひしゃかいてき》な性質《せいしつ》は、好《この》ましいものではない。
だが、集団をはなれてひとりになりたがる、この非社会的な性質こそが、
才能《さいのう》を花開《はなひら》かせてくれるものなのだ。
理想郷《りそうきょう》に住む羊飼《ひつじか》いのように、完《かん》ぺきな調和《ちょうわ》と満足《まんぞく》のなかで、
だれとでも仲《なか》よく暮《く》らしていては、
せっかくの才能も開拓《かいたく》されないまま終《お》わってしまう。
この非社会的性質がなければ、
人は理想郷の羊飼いのヒツジくらいにおだやかになり、
ヒツジが自分の一生《いっしょう》に意味をもとめないのとおなじように、
自分の人生に意味をもとめようとはしないのだ。

カント

大切なのは、それをいかにコントロールして、うまくみちびくかだ。

では、人間どうしのあらそいが相手《あいて》をきずつけたり、殺《ころ》したりするまでにエスカレートしないためには、どうしたらいいのか？　この問《と》いに答えることは、ほんとうにむずかしい。そして戦争《せんそう》にかんするさまざまな問いかけのなかでも、これこそなにより大切なものかもしれない。完《かん》ぺきな答えをだれひとり知《し》らないとしても。

これまでのべたように、戦争が限《かぎ》りない暴力《ぼうりょく》である理由は、戦争中は人を殺《ころ》すことがゆるされるからだ。戦争時であれば、兵士《へいし》が敵《てき》の兵士を殺しても、罪《つみ》にはならないのである。

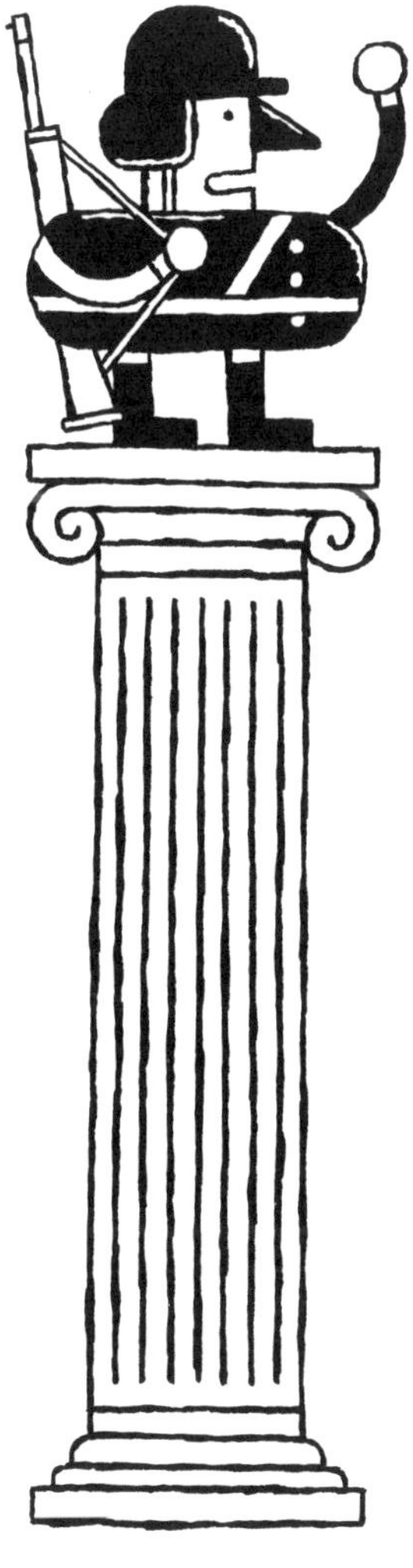

しかし、だからといって、兵士《へいし》はなにをしてもいいというわけではない。

戦争《せんそう》自体《じたい》はかならずしも犯罪《はんざい》にはならないが、「戦争犯罪」とよばれる行為《こうい》はある。それはどういうことか？

**戦争には規則《きそく》が存在《そんざい》する。つまり、戦争のしかたには規則があり、だれもがそれにしたがわなくてはならないとされているのだ。**

たとえば子どもや、兵士以外《いがい》の一般《いっぱん》市民《しみん》を攻撃《こうげき》することは禁《きん》止《し》されている。また、捕虜《ほりょ》やきずついた敵《てき》の兵士を殺《ころ》してはならず、どんなときも人間らしく、敬意《けいい》をもってあつかわなくてはならない。「**ジュネーブ条約《じょうやく》**」とよばれる国際《こくさい》条約に、その

**ジュネーブ条約《じょうやく》**
戦闘《せんとう》できずついた兵士《へいし》、捕《ほ》虜《りょ》、戦闘に参加《さんか》しない市民《しみん》を守《まも》るために、1864年から1949年のあいだにむすばれた国際協定《こくさいきょうてい》。日本は、1886年にはじめて加盟《かめい》した。

内容《ないよう》がはっきりとしめされている。

しかし残念《ざんねん》ながら、こういった規則《きそく》はときに守《まも》られないことがあり、その場合に**戦争犯罪《せんそうはんざい》**となるのだ。

**戦争犯罪《せんそうはんざい》**

国際条約《こくさいじょうやく》で決《き》められた戦争の規則《きそく》を犯《おか》す行為《こうい》。たとえば降伏《こうふく》してきた者を殺傷《さっしょう》したり、禁止兵器《きんしへいき》を使ったり、都市《とし》を無差別《むさべつ》に攻撃《こうげき》したりすること。また侵略《しんりゃく》戦争をおこなったり、一般《いっぱん》の人々を大量《たいりょう》に殺害《さつがい》したり、政治思想《せいじしそう》や人種《じんしゅ》、宗教《きょう》のちがいにより迫害《はくがい》をすること。

# 戦《せん》争《そう》にはいろんな種《しゅ》類《るい》があるのか？
# 戦争とは絶《ぜっ》対《たい》に悪《あく》なのか？
# 正しい戦争と正しくない戦争というのがあるのだろうか？

# 4

戦争のいちばんの犠《ぎ》牲者《せいしゃ》は、兵士《へいし》ではなく、ごくふつうの市《し》民《みん》たちだ。彼《かれ》らはきわめて理《り》不《ふ》尽《じん》で、深《ふか》い苦《くる》しみをあじわわされる。

人々を苦しめず、死者《しゃ》をださずにできる戦争など、これまでもなかったし、これからもない。戦争の代償《だいしょう》はいつもとてつもなく大きい。

かならずなんの罪《つみ》もない市民《しみん》がまきこまれ、命《いのち》を失《うしな》う。だからこそ、どんな戦争《せんそう》もけっして正しくはないのだ。

にもかかわらず、もうひとつ、戦争についての大きな疑問《ぎもん》がある。

**どうしても戦争をしなくてはならないという場合があるのではないか？**

たとえば攻撃《こうげき》をしかけられ、身《み》を守《まも》るため、または攻撃を受《う》けている無力《むりょく》な人々を救《すく》うため、さらにはより強大《きょうだい》な悪《あく》に立ちむかうために、戦争をするしか方法《ほうほう》がないという状況《じょうきょう》が存在《そんざい》するのではないか？　そこに、暴力《ぼうりょく》と人権《じんけん》にかんする大きな問題

がある。

たしかに**人権**《じんけん》を守《まも》るために、どうしても力にうったえなくてはならない場合、または武力《ぶりょく》を使わなくては、弱い者の人権が守れない場合というのが存在《そんざい》する。**力に裏打《うらう》ちされていない正《せい》義《ぎ》は、ときに無力《むりょく》だからだ。**

そうなると当然《とうぜん》、戦争《せんそう》には、正しい戦争と正しくない戦争があるのかという疑問《ぎもん》がわくだろう。

くりかえすけれど、罪《つみ》のない市民《しみん》の命《いのち》を無差別《むさべつ》にうばうという点においては、戦争はすべて不正《ふせい》なものだ。

そして**敵《てき》の兵士《へいし》だって、悪人《あくにん》などではなく、わたしたちとおなじ人間なのだ。**

**人権**《じんけん》
だれもが人間として生まれながらにもっていて、けっして侵《おか》してはならない、命《いのち》、自由《じゆう》、平等《びょうどう》などにかんする権利《けんり》。

ならば戦争《せんそう》は、どれもこれも絶対《ぜったい》に悪《あく》なのか？　戦争をするしかない場合があるというのは、うそなのだろうか？

『ガリバー旅行記』で、スウィフトは、小人《こびと》の国リリパットがとなりの国ブレフスキュと、数世紀《すうせいき》にわたって、血《ち》で血をあらう戦争をしている理由を、こう書いている。

この戦争が起《お》きたきっかけは、ゆで卵《たまご》の食べかたにあった。むかしからの伝統《でんとう》で、ずっと人々はゆで卵を食べるのに、大きいほうの先からむいて食べていた。ところが、現在《げんざい》の皇帝《こうてい》のおじいさんが子どもだったとき、いつものようにゆで卵を大きいほうの先からむこうとしたら、うっかり指《ゆび》を切《き》ってしまった。

**ジョナサン・スウィフト**

（1667年〜1745年）司祭《しさい》であり、風刺《ふうし》作家。ダブリン出身《しゅっしん》のイギリス系《けい》アイルランド人。人間や社会にたいする、するどい風刺とあふれる想像《そうぞう》力《りょく》で、『ガリバー旅行記』を記《しる》した。

そのため、おじいさんの父であった当時《とうじ》の皇帝《こうてい》が、ゆで卵《たまご》は小さいほうからむくべし、これにそむく者には重い刑罰《けいばつ》をあたえるというおふれをだした。人々はこの法律《ほうりつ》をたいそう不満《ふまん》に思い、歴史書によると、六度も反乱《はんらん》が起《お》こり、そのせいである皇帝は命《いのち》を失《うしな》い、またある皇帝は王冠《おうかん》を失った。隣国《りんごく》ブレフスキュの皇帝はいつもこっそりとこの反乱に手をかし、追放《ついほう》された者たちを国内《こくない》にかくまった。今までにすくなくとも一万《まん》一千《せん》人が、ゆで卵を小さいほうからむくことにあまんじるよりも、死《し》をえらんだという。

このお話はどうやっても正当化《せいとうか》することのできない戦争《せんそう》を描《えが》

いている。ゆで卵《たまご》を大きいほうからむくか、小さいほうからむくかであらそうというバカバカしさのうらで、スウィフトは他《た》人《にん》やちがいを受《う》け入れようとしない心のせまさと、それがどれほどの被害《ひがい》をもたらすかについて、痛烈《つうれつ》に批判《ひはん》している。

**しかしその反対《はんたい》に、なにがあっても戦争《せんそう》をさけようとする平《へい》和主義的態度《わしゅぎてきたいど》が、あやまちであったり、さらには犯罪《はんざい》であったりする状況《じょうきょう》もある。**

たとえば、戦《たたか》いに勝って、ほかの国を占領《せんりょう》するだけでなく、さらにある人種《じんしゅ》や民族《みんぞく》を絶滅《ぜつめつ》させようとする国があったとしよう。だれもがただ指《ゆび》をくわえて見ていたら、どうなってしまうだろう？　その場合、戦争はどうしてもさけられなくなる。

ナチスドイツの行為《こうい》は、まさにそれだ。ユダヤ人であったり、ジプシーであるというだけで、小さな子どもまで敵《てき》とみなし、殺《ころ》しつくそうとした。

そんなドイツのヒトラー政権《せいけん》を止めるために起《お》こした戦争《せんそう》は、正しい戦争だとは言えないだろうか？

「なぜ人間は戦争をするのか？」という問《と》いかけにたいして、かんたんな答えも、はっきりした答えもない。これで完《かん》ぺきという答えは、存在《そんざい》しないのだ。

さいごに、現存《げんぞん》する最古《さいこ》の戦争の物語をみてみよう。それは**トロイア戦争**についての叙事詩《じょじし》である。

**トロイア戦争《せんそう》**
ホメロスの英雄叙事詩《えいゆうじょじし》『イリアス』に語られる、ギリシャとトロイアの戦争。トロイア王子パリスに誘拐《ゆうかい》されたスパルタ王妃《おうひ》、美女《びじょ》ヘレネをとりもどすため、ギリシャ連合軍《れんごうぐん》がトロイアを攻撃《こうげき》。さいごに、木馬《もくば》に兵《へい》をひそませて進入、落城《らくじょう》させたという、「トロイアの木馬」のエピソードが有名《ゆうめい》。

かわききった山、その谷間《たにま》に燃《も》えさかる火のごとく、
また深《ふか》い森を焼《や》き、四方八方《しほうはっぽう》風にあおられ、
うずをまく炎《ほのお》のごとく、
アキレスはヤリを手に、敵《てき》におどりかかった。
そうして鬼神《きしん》さながらに猛《たけ》りくるい、
敵をことごとくうち殺《ころ》せば、
黒い大地は血《ち》にそまった。

ホメロス

詩人《しじん》**ホメロス**は『イリアス』のなかで、ギリシャ人とトロイア人の誇《ほこ》り高いおこないを、勝者敗者《しょうしゃはいしゃ》の区別《くべつ》なく描《えが》いた。

ホメロスは、勝者も敗者もともに暴力《ぼうりょく》に苦《くる》しめられるさまを、わたしたちに見せてくれる。けっして勝者が絶対的《ぜったいてき》に強いわけでも、敗者が絶対的に弱いわけでもないのだ。

アキレスは戦《たたか》いのあいだ、なさけようしゃなく暴《あば》れまわり、友を殺《ころ》した宿敵《しゅくてき》ヘクトールを倒《たお》す。そしてそのなきがらを戦車《せんしゃ》にくくりつけ、怒《いか》りにまかせてひきずりまわした。

だが、はげしい憎《にく》しみも復讐《ふくしゅう》に燃《も》える気持ちもおさまり、血《ち》もなみだもなかった勝者が、自分にうったえかけてくる敗者の言葉に耳をかたむけ、心を動かされることがある。

**ホメロス**
紀元前《きげんぜん》8世紀《せいき》ごろの吟遊詩《ぎんゆうし》人《じん》。古代《こだい》ギリシャの二大叙《じょ》事詩《じし》『イリアス』と『オデュッセイア』の作者とされる。
くわしいことは伝《つた》わっていないが、盲目《もうもく》の語《かた》り部《べ》であったとも言われている。

アキレスのもとを、トロイアの王、プリアモスがおとずれ、息子《むすこ》ヘクトールの遺体《いたい》をかえしてほしいとたのむ。アキレスは息子を失《うしな》った老父《ろうふ》の悲《かな》しみに心をうたれ、プリアモスの願いをききとどける。

ホメロスは、勝者《しょうしゃ》も敗者《はいしゃ》も、強者《きょうしゃ》も弱者《じゃくしゃ》も、ギリシャ人もトロイア人も、すべて平等《びょうどう》に描《えが》いた。しばしば獰猛《どうもう》な獣《けもの》のように言われるアキレスだが、敵《てき》をあわれみ、そしてなによりも敵を敬《うやま》う心をもっていた。

作者のホメロスはギリシャ人であったが、まるで自身《じしん》もトロイア人であるかのように、敗者の苦《くる》しみを深《ふか》く細《こま》やかに描いた。

そして、勝者だからといって賞賛《しょうさん》することも、敗者だからと

いって軽《かろ》んじることもしなかった。なぜなら勝者《しょうしゃ》や敗者《はいしゃ》であるまえに、だれもがみなおなじ人間なのだから。わたしたちはみな、おなじ人間なのだから。

**シモーヌ・ヴェイユ**
（1909年～1943年）
ユダヤ系《けい》フランス人の哲学《てつがく》者《しゃ》。エリート校を卒業《そつぎょう》し、哲学の教師《きょうし》となったが、みずから工場で働き、貧《まず》しい生活をおくる。1936年、スペイン内戦《ないせん》で義勇兵《ぎゆうへい》に志願《しがん》し、人民戦線政府《じんみんせんせいふ》を支《し》持《じ》した。1942年、ナチスが台頭《たいとう》し、ユダヤ人である彼女《かのじょ》はアメリカに亡命《ぼうめい》するが、すぐにドイツに侵《しん》略《りゃく》されていたフランスにもどり、対抗《たいこう》運動に参加《さんか》した。戦争《せんそう》の悲惨《ひさん》さ、残酷《ざんこく》さに抗《こう》議《ぎ》しながら、34歳《さい》の若《わか》さで生涯《しょうがい》をとじた。

『イリアス』は戦争《せんそう》の残酷《ざんこく》さを、ごまかすことなく、まっすぐに描《えが》いている。
そこにおいて、勝者《しょうしゃ》にしろ、敗者《はいしゃ》にしろ、
たたえられることも、ばかにされることも、憎《にく》まれることもない。
戦《たた》いのゆくえはうつろいやすく、それを決《き》めるのはけっきょく、運命《うんめい》か神だ。
（中略《ちゅうりゃく》）
戦士《せんし》たちは、勝者も敗者も、ともに野獣《やじゅう》やモノのように描かれ、
わたしたちは賞賛《しょうさん》する気も、軽蔑《けいべつ》する気も起《お》こらない。
感じるのはただ、戦争により人間が
そんな姿《すがた》に変えられてしまったのだという悲しみだけだ。

シモーヌ・ヴェイユ

## 参考図書

この本に出てくる哲学者の言葉は、彼らが著書に記した文章の一部です。また、この本には小説の抜粋も登場しますが、これらをふくめ、訳者が10代のみなさんにわかりやすいように訳しました。

以下にそれらの邦訳書籍を記しています。参考にしてみてください。


P9　『歴史』（上）ヘロドトス／著　松平千秋／訳
（岩波書店　2008年）

P17　『リヴァイアサン』（Ⅰ）ホッブズ／著
永井道雄、上田邦義／訳（中央公論新社　2009年）

P24　『神学・政治論—聖書の批判と言論の自由』（下）スピノザ／著
畠中尚志／訳（岩波書店　1944年）

P35　『ルソー全集』（第4巻）ルソー／著　宮治弘之／訳
（白水社　1978年）

P45　『カント全集』（第14巻　歴史哲学論集）カント／著
福田喜一郎ほか／訳（岩波書店　2000年）

P55　『ガリヴァー旅行記』スウィフト／著　平井正穂／訳
（岩波書店　1980年）

P61　『イリアス』（下）ホメロス／著　松平千秋／訳
（岩波書店　2004年）

P67　『シモーヌ・ヴェーユ著作集』
（2　ある文明の苦悶—後期評論集—）シモーヌ・ヴェーユ／著
橋本一明ほか／訳（春秋社　1998年）

## 作者

### ミリアム・ルヴォー・ダロンヌ

哲学者であり、パリ高等研究学院の教授。精神哲学と政治哲学を専門にしている。『人間を人間にするもの』『「始める」権力』『同情したがる人間』（すべて未邦訳）など著作多数。

## 画家

### ジョシェン・ギャルネール

1970年生まれ。ナンシー美術学校卒。画家、作家。『リベラシオン』『ル・モンド』といった新聞や本の世界で活躍。2008年、2009年と連続して『いちばん美しいフランスの本』賞を受賞している。パリ、ニューヨーク、リールに暮らし、現在はナンシー在住。

## 訳者

### 伏見　操（ふしみ・みさを）

1970年生まれ。英語、フランス語の翻訳をしながら、東京都に暮らす。訳者の仕事はいろいろな本や世界がのぞけるだけでなく、本づくりを通して人と出会えるのが楽しいと思っている。訳書に『トビー・ロルネス』（岩崎書店）、『バスの女運転手』（くもん出版）、『殺人者の涙』（小峰書店）など。

## 編集協力

### 杉山直樹（すぎやま・なおき）

学習院大学教授。専門はフランス哲学。海辺とノラ猫を思索の友とする。

10代の哲学さんぽ　3

なぜ世界には戦争があるんだろう。
どうして人はあらそうの？

2011年 4 月15日　第 1 刷発行
2025年 4 月30日　第 5 刷発行

作者
ミリアム・ルヴォー・ダロンヌ
画家
ジョシェン・ギャルネール
訳者
伏見　操
発行者
小松崎敬子
発行所
株式会社 岩崎書店
〒112-0014　東京都文京区関口 2-3-3 7F
電話　03-6626-5080(営業)　03-6626-5082(編集)
印刷
株式会社 光陽メディア
製本
株式会社 若林製本工場
装丁
矛弦デザイン
NDC 100

ISBN978-4-265-07903-2　
Published by IWASAKI Publishing Co.,Ltd. Printed in Japan

ご意見ご感想をお寄せください。　E-mail　info@iwasakishoten.co.jp
岩崎書店ホームページ　https://www.iwasakishoten.co.jp
落丁本・乱丁本は小社負担にておとりかえいたします。

第1巻　天才《てんさい》のら犬、教授《きょうじゅ》といっしょに哲学《てつがく》する。
人間ってなに？

第2巻　自由《じゆう》ってなに？
人間はみんな自由って、ほんとう？

第3巻　なぜ世界には戦争《せんそう》があるんだろう。
どうして人はあらそうの？

第4巻　動物には心があるの？
人間と動物はどうちがうの？

以下続刊